*Bt*基因传说之

风雨无情

中国农业科学院棉花研究所 编著

中国农业出版社
农村设物出版社
北 京

编 写 人 员

主　编：魏晓文　马雄风

副主编：谷　峰　冯文娟　王文魁　崔焕菲

康　萌　张宁宁　梁　雨　李海峰

前言

转基因技术的实质是将供体生物中具有某种优势的基因植入到受体生物的过程，是一种“取人之长，补己之短”的基因移植术。与生物的自然繁殖后代和传统的育种技术相比，转基因技术能在短时间内培育出大量高产、优质、抗虫、抗病、耐旱、耐盐碱等符合人类各种需求的新品种，是育种技术方法的革命。

任何一项技术的推广应用，都是社会需求推动的结果。作为一种新的育种技术，转基因技术仅仅为人们提供了缩短品种培育时间和基因跨物种移植的可能性，在实际应用中它不但可能遭遇失败，而且其操作难度、复杂性和成本较传统育种也都大大增加。因此，转基因技术的发展必然更依赖于社会需求，比如*Bt*转基因抗虫棉的研发就源于社会需求的驱动。

棉花一生伴随着各种病虫害，其中棉铃虫是主要害虫之一，传统上一般用杀虫剂来对抗这些害虫。但是，如果杀虫剂使用不当（可由各种原因引起）将会使害虫对杀虫剂的抗性提高，大大降低杀虫效果。

1992年，全国普遍性的棉铃虫大暴发，农药几乎完全失去了对棉铃虫的控制作用，即使加大农药浓度、增加打药次数也无法控制虫情。结果当年我国棉花生产直接损失100多亿元，棉农因治虫出现的农药中毒事件有10多万例。

现实如此严峻，逼得人们不得不另辟蹊径，寻找有效治虫的新方法。转基因技术就这样被选中了。

通常转基因抗虫棉就是在棉花基因中移植进一种细菌（苏云金杆菌，即Bt）的基因。Bt作为一种生物农药早在1938年就用于防治地中海粉螟。1981年，科学家首次获得了能产生杀虫蛋白的*Bt*基因。1988年，美国孟山都公司获得转基因的棉花。1992年，澳大利亚引进孟山都的*Bt*基因并转入到主栽棉花品种中。1995年年底，美国批准转*Bt*基因抗虫棉在美国推广。

1997年，我国开始引进美国转*Bt*基因抗虫棉。虽然我国科学家在1992年年底也成功获得了具有自主知识产权的*Bt*杀虫基因，并将它导入棉花获得了转基因抗虫棉，但当时却竞争不过美国抗虫棉。所以，到1998年，我国抗虫棉95%的市场份额都被美国抗虫棉所垄断。

面对国内生产需求和国外垄断的双重压力，国家出台了一系列加快国产抗虫棉研发的政策，使不利局面得以扭转。通过艰苦努力，到2002年，国产转基因抗虫棉已占据30%的市场份额。2009年，我国转基因抗虫棉种植面积已达367万公顷，占全国棉田面积的70%，其中国产抗虫棉已占95%以上。转基因抗虫棉的推广，一方面直接为棉农避免了因虫害造成的产量损失；另一方面每年减少化学农药使用量1万～1.5万吨，降低了防治成本；同时还大大改善了棉田生态环境，显著降低了棉农的劳动强度，减少了农药中毒事件的发生。

事物总是在矛盾与对抗中发展。棉铃虫被控制住了，但新的问题还会出现。比如，要防止棉铃虫对Bt抗性增强而引起的抗虫棉抗虫效果下降、因抗虫棉田喷施农药次数减少引起的其他害虫危害加重等问题，都需要科技工作者深入研究，通过改进技术如增加移植新的杀虫基因等手段来加以解决。同时，增强棉花的抗病、耐旱耐盐碱等特性，挖掘棉花的增产潜力、开发我国盐碱地资源等，都是摆在科技工作者面前的艰巨任务。

本“*Bt*基因传说”系列科普漫画包括四个分册，分别从*Bt*基因被发现、生物农药、转基因产品、基因移植过程几个方面，另辟蹊径，通过漫画形式以拟人化的方式展现*Bt*基因被发现、转移和应用的过程，试图描述*Bt*基因的杀虫原理、基因转移的千辛万苦等。目的是希望能激发读者了解转基因知识的兴趣，让读者在阅读故事的过程中，对我国转基因技术的发展和研究工作有更加科学理性的认识。

魏晓文

2020年2月

于安阳

人物介绍

Bt基因
Hope Bt.

Bt家庭古德温庄园的现当家，拥有伯爵爵位。父亲杀虫牺牲后，被封为英雄，他则被人们称为英雄之子。因为缺乏管教，习惯了为所欲为。但因其生活在上流社会，所以时刻遵守着上流社会的礼仪，非常绅士，风流倜傥，无拘无束。

西服

专为贵族设计的西服，上等品质，是身份的象征

女仆装

Bt家族古德温庄园的女仆制服

女仆
玛格丽特

出生于小镇普通的工人家庭，16岁就到古德温庄园当女仆。小时候上过学，能识字，聪明能干，拥有那个年代少有的平等意识。她年轻有活力，和很多女孩一样，对爱情充满了美好的浪漫幻想。

Bt基因
Brave Bt.

是儿时的Bt.Eleven，是Hope Bt.之子，Bt.Eleven是Brave Bt.入伍之后的代号。他承载着复兴Bt家族的使命而出生。因为同样流着Bt家族的血，长大成人后，他加入到了父亲所在的军队中。

管家服

Bt家族古德温庄园的管家制服。布鲁斯喜欢这身制服，日常也当作便服一直穿着，他为成为Bt家族的一员而自豪

管家
布鲁斯

从Hope住进古德温庄园开始，布鲁斯就是庄园的管家，他扮演着Hope的父亲和后勤部长的角色，能很好地找准自己的位置，打理着家里上上下下的一切，从来不会有僭越行为，是个非常体面的中年绅士。

咚
咚
咚
如果有一个下午能让我安安静静地读书，

恐怕我们早就杀死最
后一只地中海粉螟了！

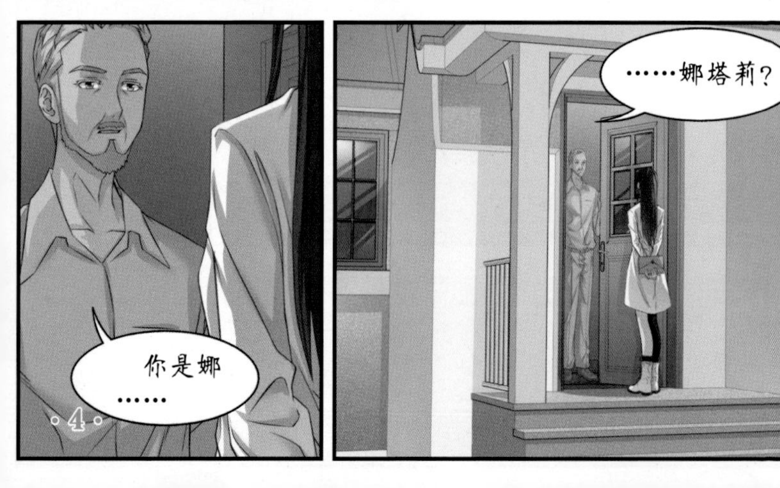
……娜塔莉？
你是娜……

您好，Hope
中将！

快进来！
我们有六七年
没见了吧！

快坐，
快坐！
在我这里
不用拘束。
……
突然到访，
恕我冒昧！
这次我来
是专程给您
送这个的。

这么隆重？
让我猜猜！
我不会又
升职了吧！

讣告
中将先生：
您的贵子，转基因特种部队农作物
护卫分队，队长Brave.Bt，因战于1997
年6月18日牺牲，享年21岁。
在对虫反击战中成功歼灭敌虫，并
特授予其国家一等功。
这样啊！
比我想的要来得快啊！

我儿子啊，比我优秀……
比我优秀……

老师，您……

当年啊，因为我父亲是……
第一个杀死地中海粉螟的Bt族人。

我回到Bt城之后就被人们奉为英雄之子。
爵位、财富、名声……要什么有什么，
可以说是当时Bt城中最风光的人了。

那时候的我呀，
没人教育，也没人敢管。
我觉得自己就是全世界的中心。
我回来啦！布鲁斯！
恭喜少爷从皇家军事学院顺利毕业，
我每天都在期待着您的归来。
我为您准备了丰盛的晚餐，
仆人们已经准备好了。
那还等什么！布鲁斯！
我都好久没品尝我们古德温庄园的美味了！

依我看，布鲁斯，你就坐下和我一起吃。
反正我又吃不完这么多东西。
少爷，您最好把嘴里的东西吃干净再说话，
这样有失体面。

而且您不在家的时候，我每天都会坐在
这里用餐，不在这一时半刻。
是吗？那你不会失去它太久，
两个月之后我就入伍了！
农药部队第一师团，
进去就是排长哦，厉害吧！
两个月后就走吗？有点仓促啊，您……

啪！
不仓促！我都迫不及待地要去杀光那些虫子了！

怎么搞的？
笨手笨脚的！
对不起，伯
爵先生！
你！
你……
你叫什么
名字？

玛……
玛格丽特！

玛格丽特
小姐，
我能邀请您
跳支舞吗？
如您所愿，
伯爵先生！

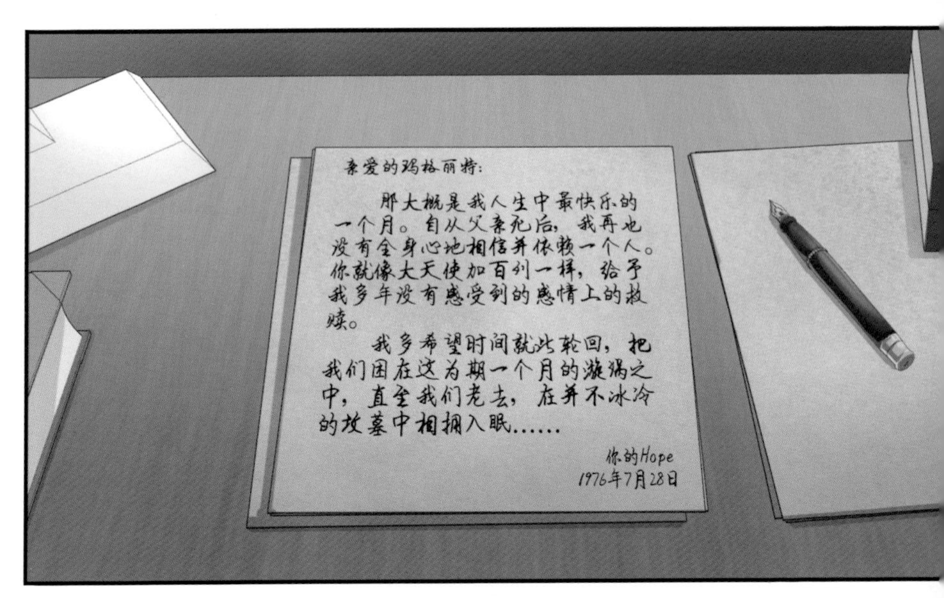
亲爱的玛格丽特：

那大概是我人生中最快乐的一个月。自从父亲死后，我再也没有全身心地相信并依赖一个人。你就像大天使加百列一样，给予我多年没有感受到的感情上的救赎。

我多希望时间就此轮回，把我们困在这为期一个月的漩涡之中，直至我们老去，在并不冰冷的坟墓中相拥入眠……

你的Hope
1976年7月28日

尊敬的HopeBt伯爵：

请您尽快到农药部队第一师团司令部报道。

姆斯Bt上校

Bt 农药部队司令部战备室

Hope Bt.
伯爵，
今天我们叫你来，是有战报需要让你看看。

这是前线战地记者发来的农药部队的战斗实况。

我们农药部队损失惨重。

一些处于低纬度、作战环境较热、紫外线照射时间较长的部队，
出现了士兵大量死亡的情况。

其他地区的情况也不容乐观，
出现了不同程度的损失。

同样是Bt家族的战士制作出来的晶石，

但类型不同，

杀虫效果也
参差不齐。

可恶，怎
么没用！

老师，是需要
我做些什么吗？

我们需要
你，英雄之子
Hope伯爵。

你要去各个村
镇街区演讲以帮
助军方征兵。

我们还要开
发更耐高温的
新式军服，
这需要你们
古德温庄园的
财力，
还有你曾经
在地中海粉螟
体内的经验。
没问题！只要
能杀虫，这些都
是我该做的！

那我们快走吧，Hope！

参军光荣 英雄之子与你同在

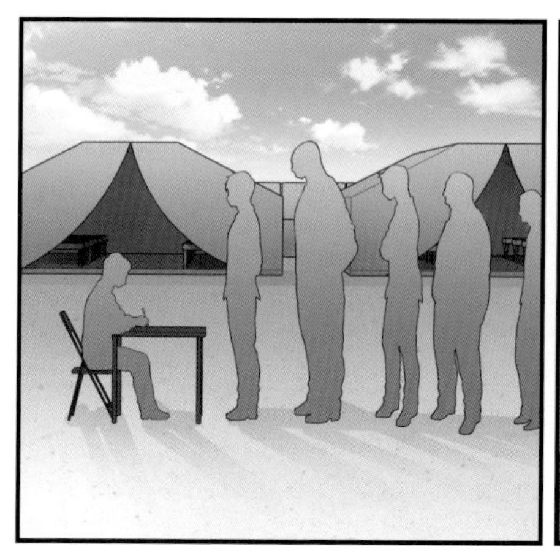

威廉姆斯少将，
我们下一站是阳载镇，Hope伯爵的演讲稿……

今晚就让他好好休息吧！

亲爱的玛格丽特：

原谅我的不辞而别。那时我忙着到外做征兵演讲，宣扬英雄主义与战争的浪漫。可我知道，我的行为只是带走成千上万条生命，可你却正相反。如果当初知道你将为我带来一条小生命，我想我会给你更好的照顾。可是生活就是这样，我们永远都无法预测，睡去之后，将迎来的是晨光还是死亡……

Hope.Bt

1977年1月18日

我们一定能旗开得胜！
我会带领你们建功立业……
如果战场上我们的炮弹像Hope上尉的话语一样密集，那些臭虫一定不是我们的对手。
可不是嘛！这些话我背得比军规还熟！
呜——
难道……
呜——
呜——

这天气怎么说变就变！
我要赶快去把衣服收回来。
难道……

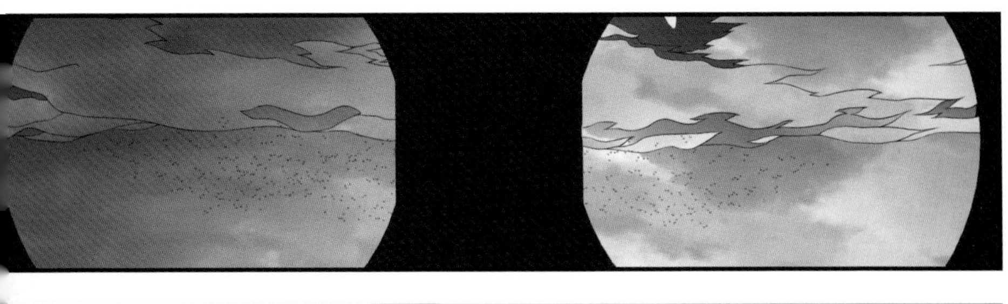

上尉先生，侦察兵来报，一群地中海粉螟正在集结，极有可能向我方进攻。
嗯，不用你说我也看得到！

全员举枪！！！
咔——
咔——
咔——
咔——
咔——
咔——
来吧，臭虫们！等你们好久了！
啪！
什么！？

唰——
唰——
唰——

大家快找掩体!!!
哗——
哗——
大家用匕首…

大家……
哗——
哗——
哗——
哗——
哗——

不！

啊……
呃……
快……
……雨停了！
快回到自己的岗位上！

不……
不要……

啊……

咔嚓

咔嚓
……哇
……
咔嚓
……哇……
咔嚓

……哇……

废物！一枪都没打还有脸回来！
死了这么多人，自己却像没事人一样！
躺在里面要不要脸！
英雄生出来的都是狗熊吗？
混蛋！你还我哥哥！
什么狗屁英雄之子！

唰——

少爷，农药部队第一师团三分之一的军力在大雨中覆没，
当然也包括您的连队。

……

第四和第七杀虫旅，由于降落位置出现偏差，
整个作战单位都被迫处于待机状态。

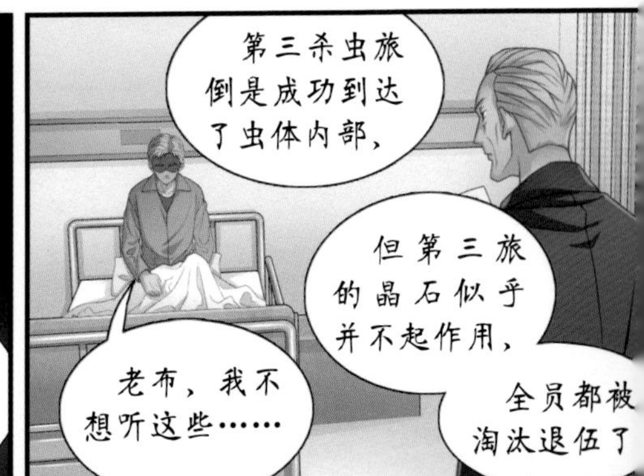
第三杀虫旅倒是成功到达了虫体内部，
但第三旅的晶石似乎并不起作用，
全员都被淘汰退伍了
老布，我不想听这些……

照您的吩咐，
古德温庄园给您
连队每位阵亡士
兵的家庭
三千比特
的资助，分
为五期付款。

我说……
我不想听！

啪
哦？是吗？那
真是太可惜了！
看来您已经放弃
思考了。

但是有一点
我必须告诉你，
小子，

你有儿子了！

我把她们母子安置在了城中的一栋公寓中。

您儿子是个很漂亮的小家伙，
和您一样有碧绿色的眼眸。
玛格丽特女士给他取名为Brave。

老布，把地址给我！
还有，帮我把西装拿过来！

普拉达的那套！
哈哈！哈哈！

亲爱的玛格丽特：
天呐，天呐，天呐！
你总是那么地令人惊喜。
那时，我整个人犹如被关押在冰冷寒狱的囚徒；而你，就是那个为我端来一杯香醇红茶的狱卒。
我……我甚至不知道到底该用什么措辞来表达此刻的兴奋与感激，因为苍白的文字根本阻挡不住我奔向你的脚步……
Hope Bt.
1980年9月28日

伯爵先生……

玛格丽特，你还好吗？我很想你！

最近发生了
一些糟糕的事，
想必你已
经知道了！

抱歉，不
能在你身边
照顾你！

回到我
身边吧！
我们彼
此需要。

听说我们
有孩子了，
是吗？
他在哪儿？
快让我看看！

你轻点！
他睡着了。

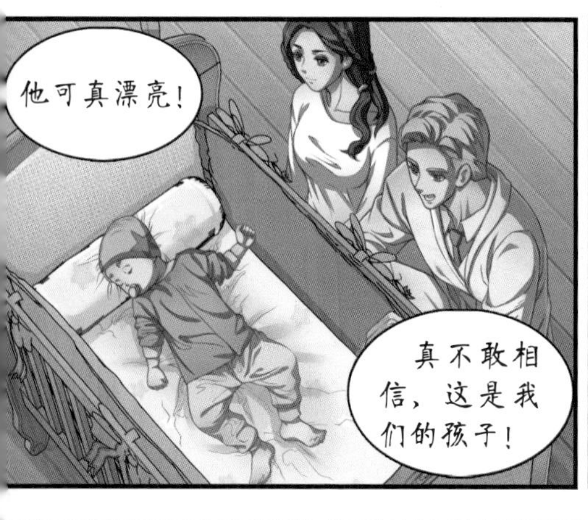
他可真漂亮！
真不敢相信，这是我们的孩子！

是啊！他像丘比特一样可爱！

玛格丽特，我们结婚吧！
明天我们就去登记！

我……我先去接电话……

喂！

对，你们怎么知道我在这儿？
我知道了，我会去的！
军方叫我明早六点去开会，
不知道什么时候能回来。
就剩七个小时了啊……

既然我们无法左右时间，
那就尽量珍惜吧！

玛格丽特，

我明天……
抱歉……
你觉得我在乎这些形式吗？

遇到你，怕是用光了我一生的运气吧！

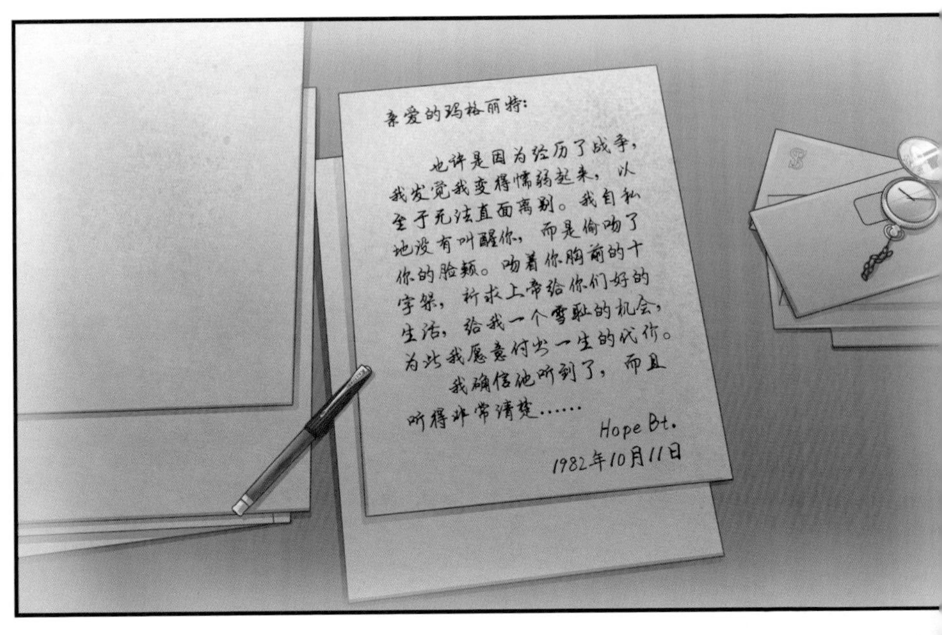

亲爱的玛格丽特：

也许是因为经历了战争，我发觉我变得懦弱起来，以至于无法直面离别。我自私地没有叫醒你，而是偷吻了你的脸颊。吻着你胸前的十字架，祈求上帝给你们好的生活，给我一个雪耻的机会，为此我愿意付出一生的代价。

我确信他听到了，而且听得非常清楚……

Hope Bt.

1982年10月11日

所以，我们准备开展新的应对计划——
进驻植物都市计划。

这个计划不仅要筛选出强大的Bt战士，
还要达到能量产有效Bt晶石的水准。

你们就是我从所有军官中
选出来的第一阶段计划的候选人，

我是你们的负责人塔利博士。
先生们，没有问题的话我们马上就可以训练。

准备好了吗？
先生们！
没问题！
第一次模拟投
入训练现在开始！

亲爱的玛格丽特：

　　我加入了Bt部队，开始了新的训练，内容我不能说，是保密的。我寄了一些钱。我希望你们母子过得好。希望这些钱还有我拙劣的文字能弥补一些作为父亲和丈夫的失职……

HppeBt.
1982年11月11日

两年后
同志们！经过了两年的努力，
你们已经从男孩变成了男子汉！
我们第一阶段的训练也正式完成！

恭喜大家！下面我要宣布分配决定：
罗伯特Bt.，授予其中校军衔。由于他对战模拟Black的优胜率较低，

决定分配他到军事学院教授晶石制作课程；
理查德Bt.，授予其中校军衔。由于他晶石模拟杀虫的效果较差，
决定分配他到人力资源部筛查新兵的晶石杀虫效果。

Hope Bt.，授予其上校军衔。
分配他到转基因部队，

担任转基因部队的新兵训练团团长。

！
什么……博士，你说什么？

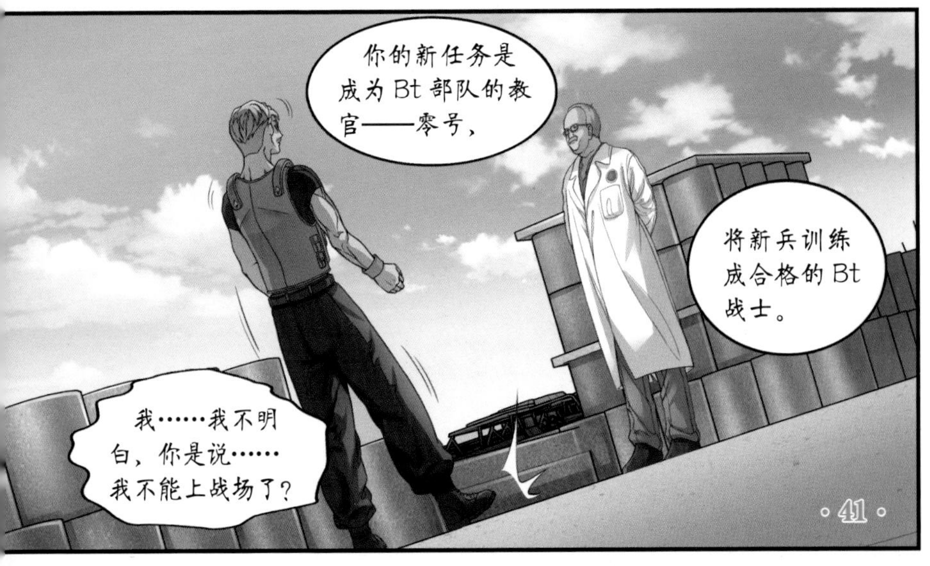
你的新任务是成为Bt部队的教官——零号，
将新兵训练成合格的Bt战士。
我……我不明白，你是说……我不能上战场了？

你是说我要永远像个孬种一样窝在这个基地里？
我这几年拼命地训练就为了这个？

我知道你很优秀，但我们需要的从来都不是一个英雄，
而是一支部队。

这是你的使命！

可恶！

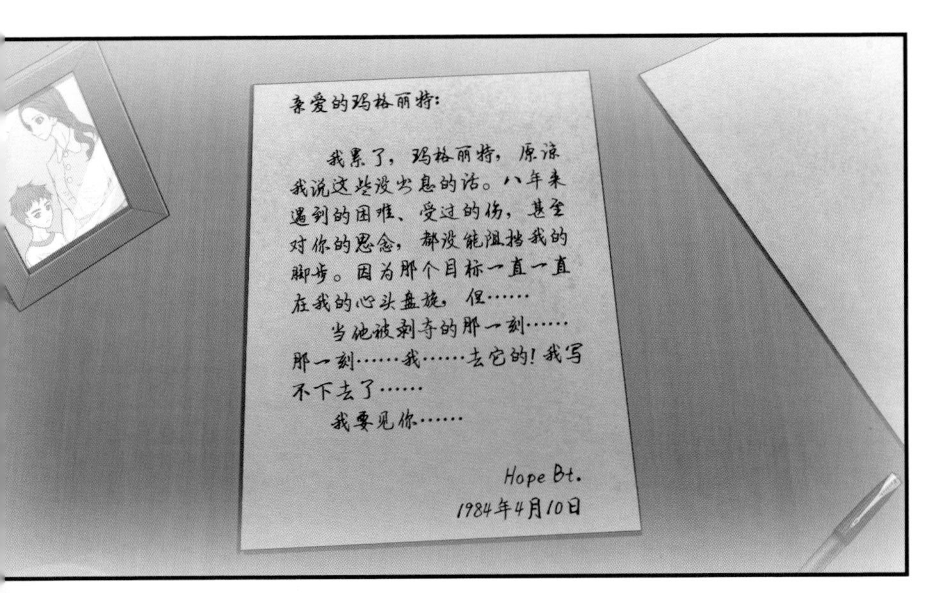
亲爱的玛格丽特：

我累了，玛格丽特，原谅我说这些没出息的话。八年来遇到的困难、受过的伤，甚至对你的思念，都没能阻挡我的脚步。因为那个目标一直一直在我的心头盘旋，但……

当他被剥夺的那一刻……那一刻……我……去它的！我写不下去了……

我要见你……

Hope Bt.

1984年4月10日

怎么了？
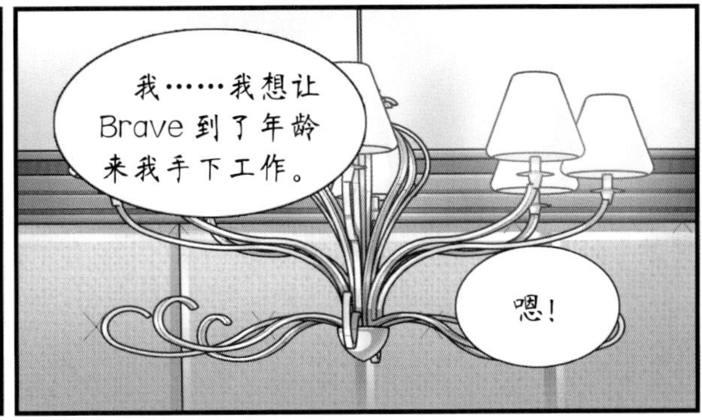
我……我想让Brave到了年龄来我手下工作。
嗯！

但是……这项任务要去植物都市，
可能就不会回来了！
情况乐观的话，会一生在其中定居，但如果有什么意外的话……

Hope！

你先别急！这只是我的希望，毕竟我这辈子都没有机会了。
当然，决定权在你，而且这更要看Brave的选择。

求你了！玛格丽特！
至少考虑一下吧！

他是我的儿子！

他也是我的儿子！

训练基地
年轻人们！作为第一批训练兵，
我们需要一起摸索方法，需要一起创建功勋！
你们将一个接一个地赶上我、超越我！
这是你们的时代！

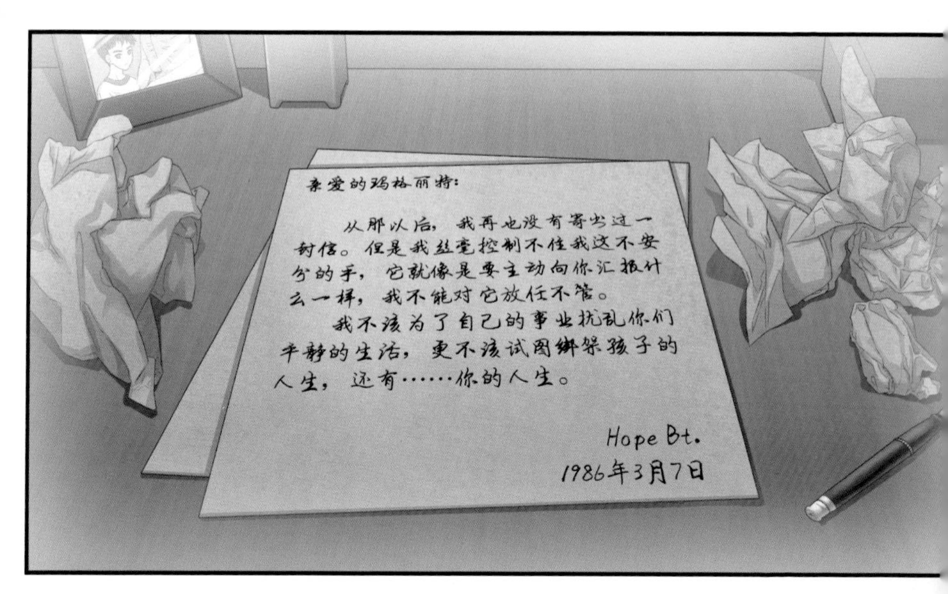
亲爱的玛格丽特：

从那以后，我再也没有寄出过一封信。但是我丝毫控制不住我这不安分的手，它就像是要主动向你汇报什么一样，我不能对它放任不管。

我不该为了自己的事业扰乱你们平静的生活，更不该试图绑架孩子的人生，还有……你的人生。

Hope Bt.
1986年3月7日

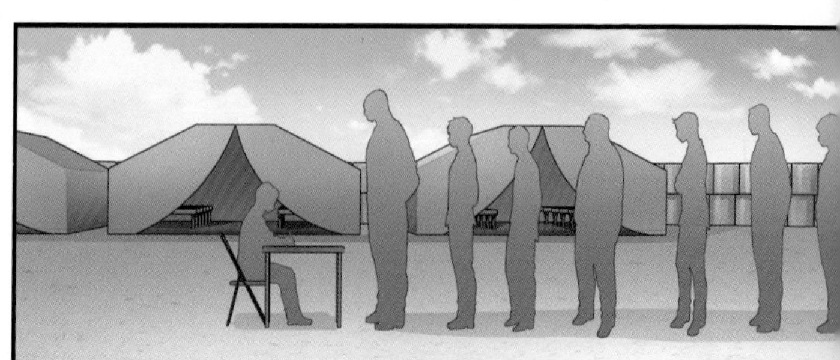

您好，Hope
中将！

欢迎你，
Brave 中士！

谢谢你！玛格丽特……
Hope 中将前线战报！
哈哈哈，来，我带你看看指挥部！
请速回指挥部！

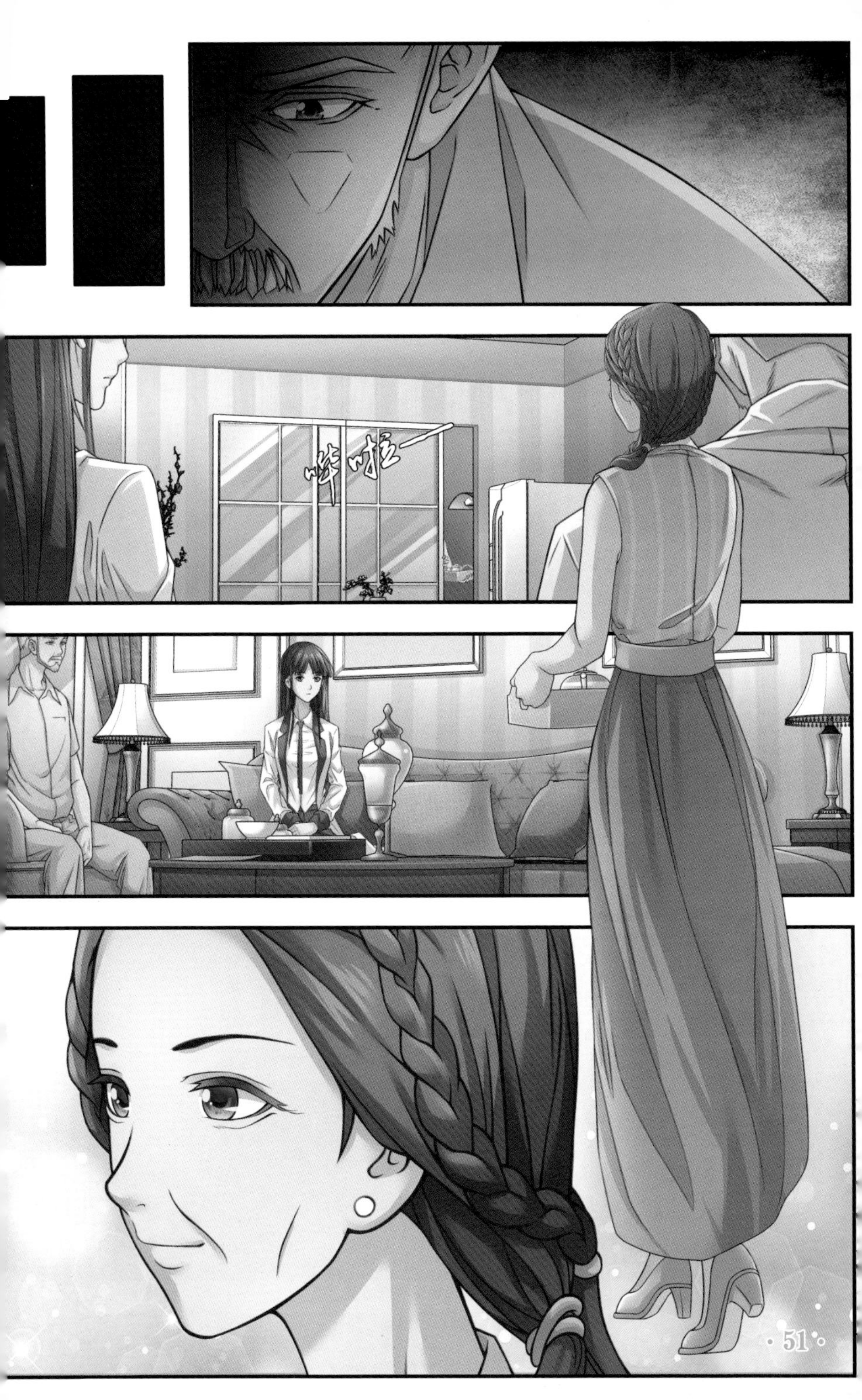
哗啦——

Bt小课堂

——漫画中的知识点

一、Bt生物农药

漫画中Hope所在的Bt农药部队就是Bt生物农药。生物农药，是指含非人工合成，具有杀虫、杀菌或抗病能力的生物活性物质或生物制剂，包括生物杀虫剂、杀菌剂、农用抗生素、生态农药等。

二、Bt生物农药的历史沿革

20世纪20年代末，美国政府试着用Bt控制森林害虫舞毒蛾，效果不错。

1938年，法国成功地研制出第一个商业化的Bt杀虫剂，这种杀虫剂叫做Sporine。

20世纪50年代，美国的主要农药DDT被发现很难降解，虽然它对哺乳动物毒性极低，但是特异性不强，会杀死节肢动物，此外还会在鸟类等动物身体中积累。所以，更有针对性的Bt杀虫剂开始被作为绿色生物农药大规模用在了森林和农业害虫的防治上。我国于1959年引进Bt杀虫剂，1965年在武汉建成国内第一家Bt杀虫剂生产企业。

Bt小课堂

——漫画中的知识点

三、Bt生物农药的优点

Bt有一个重要的特性，即具有极强的特异性。它像导弹一样，能杀死鳞翅目昆虫，但对其他动物却没有什么影响。因此，漫画中的Bt农药部队在执行任务时，并不会对植物产生不良影响。与化学农药相比，它有诸多方面的优点：无公害、无残留、安全环保；特异性强，不杀伤害虫天敌及有益生物，维持生态平衡；环境相容性好等。

四、Bt生物农药的缺点

Bt生物农药在自然环境中很不稳定。作为喷洒剂，Bt农药很容易被雨水冲走，在紫外线的照射下也很快被分解，气温等环境因素也会严重影响到其杀虫效果。此外，农药在生产和施用过程中还要付出相应的成本。

所以如何改进生物农药，让它们变得便宜、稳定，成了一个棘手却重要的问题。随着科技进步，利用转基因技术改善生物农药的方法应运而生。

图书在版编目（CIP）数据

Bt基因传说之风雨无情 / 中国农业科学院棉花研究所编著. —北京：中国农业出版社，2021.5
ISBN 978-7-109-28194-3

Ⅰ. ①B… Ⅱ. ①中… Ⅲ. ①转基因技术–普及读物
Ⅳ. ①Q785-49

中国版本图书馆CIP数据核字（2021）第078788号

中国农业出版社出版
地址：北京市朝阳区麦子店街18号楼
邮编：100125
责任编辑：张丽四
责任校对：吴丽婷
印刷：中农印务有限公司
版次：2021年5月第1版
印次：2021年5月北京第1次印刷
发行：新华书店北京发行所
开本：850mm × 1168mm 1/32
印张：2
字数：50千字
定价：20.00元
